AF586475

LA TYPOGRAPHIE

A L'EXPOSITION UNIVERSELLE.

PUBLICATIONS DU MÊME ÉDITEUR

A l'occasion de l'Exposition universelle.

LA TYPOGRAPHIE FRANÇAISE ET ÉTRANGÈRE A L'EXPOSITION UNIVERSELLE; simple statistique, par *Jules Delalain*, imprimeur de l'Université; brochure grand in-8°.

LÉGISLATION DE LA PROPRIÉTÉ LITTÉRAIRE ET ARTISTIQUE, recueillie et annotée par *Jules Delalain*, imprimeur de l'Université, président de la Société pour la défense de la propriété littéraire et artistique en France et à l'Étranger, chevalier de l'ordre impérial de la Légion d'honneur; ouvrage dédié aux auteurs, aux artistes et aux éditeurs de toutes les parties du monde; brochure grand in-8°.

Ces deux brochures n'ont pas été mises dans le commerce; elles ont été distribuées aux confrères et amis de l'auteur et sont actuellement épuisées.

LA TYPOGRAPHIE

FRANÇAISE ET ÉTRANGÈRE

A L'EXPOSITION UNIVERSELLE

COMPTE RENDU

PAR JULES DELALAIN.

PARIS.

TYPOGRAPHIE DE JULES DELALAIN

IMPRIMEUR DE L'UNIVERSITÉ

Rues de la Sorbonne et des Écoles.

1856.

EXPOSITION UNIVERSELLE

DE 1855

PRODUITS TYPOGRAPHIQUES.

Rapport présenté au nom de la Commission nommée par l'Association des Imprimeurs de Paris pour examiner les produits typographiques admis à l'Exposition universelle, et lu par le Rapporteur, M. Jules Delalain, dans la séance du lundi 11 février 1856.

Messieurs et Confrères,

Vous avez pensé avec raison que ce grand fait, sans précédent en France, d'une Exposition universelle des produits de la typographie de toutes les parties du monde ne devait pas passer inaperçu pour notre Association, qui s'occupe avec un zèle si persévérant de tout ce qui touche aux progrès et aux perfectionnements de notre bel art. Vous avez décidé qu'une Commission serait constituée à l'effet de visiter l'Exposition des produits typographiques et de vous rendre compte du résultat de ses études. Cette Commission, composée de MM. Guiraudet, président, Bonaventure, Delalain, Kugelmann, Plon et Thunot, s'est réunie plusieurs fois au palais de l'Industrie pendant les mois d'août et de septembre. Elle a décidé qu'il vous serait présenté un rapport sommaire des faits et observations qu'elle a recueillis pendant ces visites. Deux rapporteurs ont été chargés de ce travail. M. Kugelmann vous a dit tout ce qu'il y a de curieux et de profitable pour nous dans les grandes et riches expositions des imprimeries impériales de Paris et de Vienne. J'ai été chargé spécialement du rapport sur l'ensemble de l'exposition de la typographie française et étrangère. Cette tâche était bien considérable. Aussi réclamerai-je pour mon travail toute votre indulgence.

Il faut d'abord vous dire dans quel esprit ce rapport a été conçu et rédigé. Votre Commission a voulu se tenir en dehors des décisions du jury international. Elle a désiré que le rapport se bornât à vous soumettre nos principales remarques sur les produits exposés, sans rappeler les distinctions accordées à chacun des exposants. En même temps, elle a exprimé le désir qu'il fût fait mention des imprimeurs dont les produits étaient exposés indirectement par leurs éditeurs : c'est ainsi qu'il vous sera parlé d'estimables confrères dont nous avions eu le regret de ne pas trouver les noms dans le catalogue officiel. Occupée surtout de l'exécution matérielle des livres et de l'examen des produits au point de vue de l'art, votre Commission n'a dû attacher qu'une importance secondaire au prix de revient et au bon marché.

Déjà deux Expositions universelles ont eu lieu, la première à Londres en 1851, la seconde à New-York en 1853. L'art typographique y a été naturellement représenté, mais c'est seulement à notre Exposition qu'il s'est produit pour la première fois d'une manière complète et brillante. Il est curieux de voir, après cinq siècles d'études pratiques, les diverses contrées du monde envoyer des spécimens de leurs produits typographiques vers le pays même d'où leur sont venues, au quinzième siècle, les premières notions de cet art. L'Espagne, les États-Unis, la Grèce, la Hollande, le Mexique, le Portugal, la Suède, la Toscane, le Wurtemberg, etc., qui avaient fait défaut à l'Exposition de Londres, ont répondu à l'appel de la France ; l'Océanie même a envoyé son contingent. Les États napolitains, la Russie, la Suisse, la Turquie et la Chine ont seuls, parmi les États importants, manqué à ce grand concours international.

Le nombre des exposants appartenant à la typographie s'élève à près de deux cent cinquante, répartis entre trente-six États. Pour mettre un peu d'ordre et de clarté dans ce rapport où nous avons à vous entretenir de tant de pays divers, nous procéderons suivant l'importance industrielle de chaque partie du monde, en groupant les pays par école, d'après leur genre de typographie. Nous aborderons d'abord l'Europe pour finir par l'Afrique ; nous examinerons séparément la France, qui à elle seule compte plus des deux cinquièmes des exposants et forme en quelque sorte une exposition particulière.

La classification par école se présentait d'elle-même au simple examen des produits typographiques. En effet, tous les produits admis à l'Exposition universelle peuvent se ranger en quatre classes ou écoles : 1° l'*École française*, qui domine dans la majeure partie des pays exposants ; 2° l'*École anglaise*, qu'on retrouve dans ses colonies, en Asie, en Océani et dans l'Amérique du Nord ; 3° l'*École allemande*, qui se distingue des deux autres écoles européennes par la forme de ses caractères, et qui se rencontre dans les pays allemands et dans les États du Nord ; 4° l'*École orientale*, qui offre un type tout spécial, et qui, répandue dans plusieurs pays de l'Europe, domine surtout en Asie et en Afrique. Nous aurons occasion de faire ressortir les caractères distinctifs de chacune de ces écoles, à mesure que nous rendrons compte des pays où nous les rencontrerons.

EUROPE.

L'Europe occupe à l'Exposition le premier rang pour ses produits typographiques. L'art de Guttemberg a atteint chez les peuples européens une perfection dont les autres parties du monde sont bien loin d'approcher, même l'Amérique où cet art a fait de grands progrès. Les impressions s'y font dans toutes les langues de l'Occident et de l'Orient.

Vingt-trois États européens figurent à cette Exposition : le duché d'Anhalt-Dessau, l'Angleterre et l'Écosse, l'Autriche, la Bavière, la Belgique, le duché de Brunswick, le Danemark, l'Espagne, les États pontificaux, la ville libre de Francfort, la France, la Grèce, le duché de Hesse-Cassel, la Hollande, le Portugal, la Prusse, la Sardaigne, les duchés de Saxe-Cobourg et Saxe-Cobourg-Gotha, la Saxe royale, la Suède et la Norwége, la Toscane et le Wurtemberg. Nous commencerons par les pays d'école anglaise pour terminer par ceux d'école française et d'école allemande.

Angleterre et Écosse.

L'Angleterre peut être considérée comme un des premiers pays de production typographique. Le nombre infini de livres en tous genres et de bibles en toutes langues imprimés chaque année dans ce royaume lui donnent sans contestation cette prééminence. La plupart de ses produits peuvent rivaliser, pour la perfection même, avec les meilleurs de la France ; mais il faut dire que tout y contribue dans ce riche pays. Les éditeurs et imprimeurs y trouvent des appréciateurs éclairés et généreux qui encouragent leurs publications. La qualité supérieure des papiers anglais, la forme demi-maigre des caractères, la disposition légère des titres, l'interliguage large de la composition, la perfection des encres d'impression et des presses mécaniques, et, par suite, la netteté des tirages, tout concourt à donner à la majeure partie des publications anglaises un air particulier d'aisance confortable qu'on rencontre rarement ailleurs. Aussi la typographie anglaise forme-t-elle une école particulière. Les langues principalement imprimées en Angleterre sont, indépendamment de la langue nationale, le latin, le grec et les idiomes de l'Orient. L'exposition de l'Angleterre, remarquable en elle-même, ne saurait toutefois donner une idée complète de l'importance de cette branche de son industrie. On ne compte que vingt-huit libraires ou imprimeurs de l'Angleterre et de l'Écosse dont les produits sont exposés, nombre bien minime quand on pense que la ville de Londres seule possède plus de cinq cents imprimeries. Les exposants sont surtout des libraires, et les productions de nos confrères d'outre-mer ne nous sont connues que par l'exposition de leurs éditeurs. Londres, Edimbourg et Hertford sont les seules villes dont les produits aient paru à l'Exposition.

Nous devons citer, en première ligne, M. Stephen Austin, imprimeur de la Compagnie des Indes orientales, à Hertford, près Londres. M. Austin imprime des livres en langue anglaise et surtout en langues orientales. Parmi les publications exposées par cet habile imprimeur, nous avons remarqué un joli chef-d'œuvre typographique, *la Sakuntala*, tragédie traduite du sanscrit, splendide volume petit in-4° carré, imprimé sur papier superfin avec des encadrements en couleurs et des gravures à plusieurs teintes dans le goût oriental, qui sont d'un effet gracieux. Ce livre, qui, par son genre d'impression, peut être comparé à l'*Imitation* de notre Imprimerie impériale, a été fait aux frais de notre confrère anglais et ne se vend que soixante francs. Citons encore un ouvrage intitulé : *Gulistan*, poëme traduit du persan, beau volume in-8° avec encadrements et vignettes en couleur, et une *Grammaire turque*, remarquable par sa bonne disposition typographique et ses tableaux synoptiques.

MM. Clowes et fils, imprimeurs à Londres, ont exposé le *Catalogue illustré de l'Exposition universelle de* 1851. Cet ouvrage, composé de trois volumes in-4° à deux colonnes, se distingue par le bon tirage des nombreuses illustrations dont il est enrichi. M. Toovey, imprimeur à Londres, présente un *Bréviaire aberdonense*, qui est remarquable par ses caractères gothiques et son impression en noir et en rouge.

MM. Black, libraires à Édimbourg et éditeurs des œuvres de Walter Scott, exposent une grande variété d'éditions du célèbre romancier anglais, parmi lesquelles nous avons remarqué une édition illustrée in-8°, imprimée avec soin par M. Constable, imprimeur de cette ville. La même maison a édité une *Encyclopédie britannique*, en douze volumes in-4° à deux colonnes. Cette publication importante, sortie des presses de M. Niell d'Édimbourg, offre une bonne exécution typographique courante.

M. Saunders, important fabricant de papiers à Londres, a fait imprimer chez MM. Waterlow et fils de Londres, un curieux ouvrage sur sa fabrique, intitulé : *Illustrations of the british paper manufacture, etc.* Chaque page de ce magnifique et colossal volume, imprimé en blanc sur superbe papier grand in-folio, est entourée d'un riche encadrement tiré en violet ou en or. C'est un chef-d'œuvre d'exécution typographique qu'il ne faut pas laisser passer inaperçu.

Parmi les publications sorties des presses de MM. Bradbury et Evans, imprimeurs et libraires à Londres, citons un joli volume intitulé : *The natural history of the Dee side and Braemer*, et une belle édition in-4° de la *Biographie des reines d'Angleterre*. M. Bohn, libraire à Londres, a exposé des publications de diverses époques, dont quelques-unes se ressentent du temps où elles ont été faites, notamment les *Antiquités mexicaines*, énormes volumes in-folio, dont la justification des pages manque de proportions. Ce que nous avons remarqué surtout à l'exposition de M. Bohn, c'est la *Bibliothèque illustrée*, format in-12, qui porte le nom de cet éditeur. Cette collection présente une bonne impression courante due aux presses de MM. Bentley, Billing, Bradbury, Harrisson et fils, Salisbury et Ce.

M. Van Vervost, de Londres, a exposé des ouvrages in-8° sur l'histoire naturelle avec illustrations ; l'*Histoire des oiseaux*, notamment, est remarquable d'exécution typographique et de tirage ; elle sort des presses de M. Bentley. MM. Chapman et Hall et M. Digby-Wyatt ont publié des ouvrages d'art et de sciences, ornés de gravures, qui ne sont pas non plus sans quelque mérite.

Pour compléter cette revue sommaire de l'exposition anglaise, il nous reste à parler de la grande maison de librairie Longman, Brown, Green et Longmans, qui a exposé plusieurs productions typographiques dignes d'une mention spéciale. Après l'exposition de MM. Austin d'Hertford et Black d'Edimbourg, celle de cette maison nous a paru la plus remarquable; elle présente une grande variété en tous genres. D'abord il faut citer une curieuse reproduction d'un vieux livre de prières de la reine Elisabeth, imprimé par John Day, en 1569. L'ouvrage, du format petit in-8°, est encadré de dessins de l'époque : le texte est imprimé en caractères reproduisant également les vieux types de l'époque. Si ce n'est pas une œuvre de progrès, c'est un modèle de bonne reproduction qui a son mérite. Nous retrouverons, à la France, un essai pareil de MM. Firmin Didot sur l'Horace d'Elzevier. Des éditions des *Œuvres poétiques* de Goldsmith, des *Saisons* de Thompson, et d'auteurs contemporains, imprimées dans le format petit in-4° carré, avec encadrements et illustrations, méritent aussi d'être citées.

La même maison avait envoyé à l'Exposition universelle une double collection de *Dictionnaires encyclopédiques* dans le format grand in-8° et grand in-18. Les lettres, les sciences, l'histoire, la géographie, l'histoire naturelle, l'architecture, les manufactures, voire même les sports, ont leur encyclopédie; chaque volume in-8°, de 1,500 à 1,600 pages, est imprimé à deux colonnes en caractères compactes, avec illustrations. C'est un genre de publications qui paraît jouir d'une grande vogue en Angleterre et que nous ne possédons encore qu'imparfaitement dans notre pays. L'impression de ces livres est généralement satisfaisante. Dans l'*Encyclopédie de géographie,* nous devons signaler une disposition typographique que nous avons déjà rencontrée dans quelques publications françaises. Les titres courants ne présentent que les mots alphabétiques et les folios sont rejetés avec la signature au bas des pages. Dans la collection grand in-18 de ces encyclopédies, nous avons remarqué la même disposition. Un de ces volumes, intitulé : *The scientific and literary treasurie,* a chacune de ses pages entourée d'un double filet avec titres courants sur les quatre faces et folios au bas de la page. La plupart des impressions de la maison Longmann sortent des presses de MM. Spottiswoodes de Londres.

Il n'existe point d'imprimerie royale en Angleterre. Toutefois, la reine d'Angleterre a exposé elle-même, aux termes du catalogue officiel, un ouvrage intitulé : *The natural history of the Dee side and Braemer.* Ce volume, que nous avons déjà eu l'occasion de citer, passe pour un des plus jolis de l'exposition anglaise.

L'impression des journaux a dans ce pays un développement et une perfection qu'on ne retrouve pas ailleurs. Nous avons vu à l'Exposition un des premiers et un des derniers numéros du *Times.* Quel progrès ! quelle différence ! Cependant, l'*Illustration* de nos voisins d'outre-mer nous a paru fort loin d'égaler l'*Illustration* de MM. Paulin et Lechevalier, imprimée par MM. Firmin Didot.

Tels sont les principaux produits de la typographie anglaise. Nous en retrouverons encore d'autres spécimens remarquables dans ses importantes colonies en Amérique, en Océanie, en Asie, en Afrique. L'action industrielle de ce pays se fait sentir jusque dans ses possessions les plus lointaines.

En terminant cette revue de l'exposition anglaise, qu'il nous soit permis de regretter de n'y avoir pas rencontré les beaux volumes illustrés publiés par M. John Murray de Londres, et imprimés avec un goût excellent par M. Vitazelli de la même ville. M. John Murray a publié récemment un Horace, format in-8°, avec encadrements en couleur et vignettes du genre antique, qui n'aurait pas été un des produits les moins curieux de son exposition. Nous exprimerons le même regret pour les éditions grecques de M. Parker, d'Oxford, imprimées avec de beaux caractères auxquels on pourrait toutefois reprocher des pleins trop gras.

Cette exposition, qui nous a offert tant de beaux et remarquables ouvrages, ne contenait aucun de ces petits livres à bon marché, destinés au peuple, aux voyageurs et aux enfants, et dont l'Angleterre abonde. C'était une lacune regrettable. Les *indestructibles books*, ces petits volumes d'éducation imprimés sur toile pour résister au génie destructeur des enfants, n'eussent pas été déplacés au milieu des inventions originales que renfermait le palais de l'Industrie.

L'importation des publications anglaises en France atteint aujourd'hui le chiffre de 400,000 fr. Nos exportations dans ce pays dépassent en moyenne 1,300,000 fr. par an.

Belgique.

L'exposition de la Belgique a une certaine importance. Les productions de ce pays appartiennent à l'école française. Les publications des imprimeurs belges ont, en effet, avec les nôtres un air de famille qui ne surprend pas, et qui a sa cause naturelle dans l'ancien commerce de reproductions de nos ouvrages et dans l'usage de la même langue. Plusieurs imprimeurs fabriquent des volumes qui pourront lutter un jour avec les nôtres pour l'exécution typographique ; nous devons y faire attention, alors que nos confrères bruxellois ont manifesté l'intention de venir nous faire concurrence sur le marché de Paris. Les impressions de ce pays sont faites principalement en langues française et flamande et en langue latine pour la liturgie. On comptait à l'exposition belge douze imprimeurs ou libraires, appartenant aux villes de Bruxelles, Gand, Malines, Namur et Tournay.

La maison Jamar, de Bruxelles, a exposé plusieurs ouvrages sortis de ses presses ou de celles de MM. Delevingue et Callevaert, qui sont remarquables par leur bonne disposition et leurs illustrations. Nous citerons le *Catéchisme illustré de Malines*, in-8°, *les Splendeurs de l'art en Belgique*, grand in-8°, une *Histoire de la Belgique*, même format. M. Muquardt, libraire-éditeur à Bruxelles, a exposé aussi de beaux ouvrages illustrés, un *Voyage aux bords du Rhin*, une *Histoire de la Belgique*, qui témoignent encore d'une bonne exécution typographique.

La liturgie romaine est en Belgique l'objet d'une production importante qui mérite de fixer particulièrement notre attention. L'ancienne maison Hanicq, de Malines, dirigée actuellement par M. H. Dessain, exporte chaque année, dans toutes les parties du monde, un nombre considérable de ses publications liturgiques. L'impression des ouvrages de cet important établissement se fait suivant d'anciennes traditions typographiques, qui pourraient bien être dépassées un jour par les nouvelles publications du même genre entreprises récemment par d'autres imprimeurs belges.

M. Greuse, imprimeur-libraire à Bruxelles, imprime également des livres de liturgie qui peuvent entrer en concurrence avec ceux de M. Dessain. La même maison a exposé des volumes de la continuation des *Acta Sanctorum* des pères Bollandistes qu'elle poursuit avec un louable zèle. Ces gros et compactes volumes à deux colonnes sont de la bonne et sérieuse typographie. On sait qu'il existe deux éditions inachevées des *Acta Sanctorum*, l'une de Venise, l'autre de Bruxelles et Anvers. M. Greuse n'a pas hésité à entreprendre à ses frais la continuation de la première. Le dévouement désintéressé des pères Bollandistes et les subventions du gouvernement belge lui ont rendu plus facile la continuation de la seconde. Il est beau de voir encore, à notre époque si mercantile, des imprimeurs qui ne craignent point de faire de telles entreprises.

Nous avons remarqué à l'exposition de M. Wesmael-Legros, imprimeur-libraire à Namur, des missels et des bréviaires d'un type heureux et d'une exécution supérieure, qui ne nous ont pas paru toutefois pouvoir rivaliser avec ceux sortis des presses de notre confrère Adrien Leclère. M. Castermann, imprimeur-libraire à Tournay, publie des ouvrages de piété d'un courant assez bon. Nous avons remarqué à son exposition une édition de l'*Imitation* en latin, format in-32, qui nous a rappelé dans une certaine mesure la jolie édition de notre confrère Plon.

Parmi les curiosités typographiques de l'exposition belge, nous devons citer une édition petit in-folio de la *Constitution belge*, imprimée en beaux caractères avec jolis encadrements, par MM. Delevingue et Callevaert de Bruxelles. La même maison a aussi imprimé des volumes en langue allemande illustrés avec goût. M. Van Doosselaere, imprimeur à Gand, a exposé des livraisons d'une collection de vases antiques avec texte in-folio, qui mérite aussi d'être citée.

La Belgique importe annuellement en France pour une somme de plus de 500,000 francs, dont la majeure partie se compose de livres en langues mortes ou étrangères, et principalement de livres liturgiques. Nos importations s'élèvent à plus de 2,700,000 francs.

Hollande.

La Hollande est la terre classique de la typographie. C'est dans ce pays que parurent les premières belles impressions typographiques, dues aux Elzeviers, dont elles ont conservé le nom. Ces habiles imprimeurs créèrent alors ces éditions format petit in-12, qui ont reparu de nos jours comme une nouveauté. Les publications des Elzeviers se recommandaient autant par leur bonne exécution que par leur parfaite correction, et, à cet égard, les biographes rapportent que la maison Elzevier faisait lire ses épreuves par des femmes, dans la pensée qu'elles seraient moins disposées à faire des interpolations aux textes. Nous rappelons ce procédé pour ceux de nos confrères qui voudraient en user. De notre temps, est-ce un motif analogue, quoique différent dans son but, qui a fait confier le travail de la composition à des femmes. A-t-on compté sur plus de mutisme de la part des femmes, et, par suite, sur plus d'exactitude dans la reproduction de la copie. Nous doutons que cette innovation soit due à de telles considérations. Le souvenir des Elzeviers nous reporte naturellement à la curieuse réimpression de leur édition d'Horace par MM. Firmin Didot, dont nous aurons occasion de reparler, et aux nouvelles éditions elzéviriennes, publiées avec un soin minutieux par notre président Guiraudet et notre confrère Claye pour la maison Jannet, et que nous avons regretté de n'avoir pas trouvées à l'Exposition.

La typographie hollandaise est de l'école française. Il n'en pouvait être autrement, puisque ses origines sont toutes françaises. Ses premiers caractères lui sont venus de nos fondeurs. Ses papiers si renommés sont d'abord sortis de nos fabriques d'Angoulême. Enfin, l'absence de la liberté de la presse, sous l'ancien régime, faisait imprimer dans ce pays tous les ouvrages dont la publication n'était pas permise en France. On retrouverait peut-être dans ce dernier fait la cause première de ce commerce de reproductions françaises qui a causé tant de tort à nos industries.

Les impressions typographiques sont limitées en Hollande aux productions de la littérature hollandaise, qui ne s'étend pas au delà de ce pays et de quelques provinces de la Belgique, et à des publications en langues orientales et notamment en langues javanaise et malaise pour ses colonies de l'Océanie. Il se fait aussi quelques publications en langue française, qui ont le mérite d'être des éditions originales.

L'exposition des produits typographiques de la Hollande peut donner une idée assez exacte de l'état de ce pays sous le rapport de notre art. Une société, formée à Amsterdam pour les intérêts de la librairie néerlandaise, a eu la bonne pensée de réunir en une seule et même exposition les produits des imprimeurs et éditeurs de ce pays. Le catalogue spécial de cette exposition compte plus de cent éditeurs ou imprimeurs et plus de quatorze cents ouvrages. La plupart de ces livres sont en langue hollandaise, plusieurs en langues orientales, quelques-uns en langue française. Une partie de ces impressions se distingue par un assez bon ensemble typographique. Nous avons remarqué particulièrement, parmi les publications en langue française, le *Journal d'une ambassade du comte de Portland en France.* Ce volume, imprimé avec luxe dans le format petit in-folio, en beaux caractères et sur superbe papier, sort des presses de M. Fuhri de la Haye, et a été édité par M. P.-H. Noordendorp de la même ville. Ce petit chef-d'œuvre d'impression n'a été tiré qu'à vingt-cinq exemplaires. A cette exposition collective se trouvait également une Bible complète en latin, grand in-folio, publiée par MM. Enschedé de Harlem, œuvre de forte et sérieuse typographie, sinon de luxe et de fini.

En dehors de cette exposition collective, quatre imprimeurs-libraires de la Haye, Groningue, Harlem et Middelburg ont exposé séparément leurs produits. Nous citerons de nouveau MM. Enschedé de Harlem, dont la maison se livre à des publications importantes dans les langues orientales, et qui ont exposé des *Bibles* et des *Nouveaux Testaments*, en langue malaise, d'une parfaite exécution. MM. Guinta d'Albani frères, imprimeurs à la Haye, ont également exposé une série de tableaux statistiques dans le format in-4°. Ces tableaux, quoique compliqués, se recommandent par le choix des caractères et leur bonne exécution.

A côté de ces expositions typographiques, nous devons mentionner des publications d'un genre semi-typographique exposées par l'Institut des Aveugles d'Amsterdam. Cet établissement a exposé des ouvrages imprimés en relief avec un certain mérite. Nous retrouverons des publications analogues aux États-Unis d'Amérique.

Le chiffre des importations et des exportations directes entre la France et la Hollande est peu important.

Italie, Sardaigne, Toscane, Vénétie, etc.

L'Italie peut être aussi regardée comme le berceau et la terre classique de la typographie. C'est dans ce pays qu'eurent lieu les progrès les plus marqués de l'art typographique, l'invention de nouvelles formes de caractères en remplacement des caractères gothiques qu'on avait employés dans les premiers essais de typographie, comme la reproduction naturelle des manuscrits de l'époque. Au quinzième siècle, un Français, Nicolas Jenson, vint s'établir à Venise, et créa le caractère romain en combinant dans un même alphabet les minuscules latines et les capitales romaines. A leur tour, les Aldes, célèbres imprimeurs de la même ville, inventèrent les caractères italiques, qui rappellent par leur forme celle de la lettre écrite; leurs belles éditions sont restées encore de nos jours des modèles de bonne typographie. Enfin, au commencement de ce siècle, un imprimeur de Parme, M. Bodoni, a publié des éditions dignes de ces grands maîtres. Mais de cet ancien temps de gloire et de prospérité pour la typographie italienne, il ne reste plus que des souvenirs.

Nous trouvons à l'Exposition universelle quatre États italiens qui ont exposé quelques produits dignes d'une mention spéciale. Ce sont la Sardaigne, la Toscane, les États pontificaux et l'État autrichien de Venise. La typographie de ces pays appartient à l'école française. Les impressions sont toutes en langue italienne ou latine; quelques-unes en langues orientales.

Sardaigne. — MM. Chirio et Mina, imprimeurs à Turin, ont exposé un superbe volume grand in-folio, imprimé en beaux et gros caractères des types Didot, avec encadrements dans le goût des manuscrits du quinzième siècle. Cet ouvrage est intitulé : *Histoire de l'abbaye d'Alta Comba*. Des exemplaires ont été tirés tout en noir, d'autres ont les encadrements tirés en or. Rien de plus splendide que l'exemplaire de ce dernier genre qui se trouvait au palais de l'Industrie.

Toscane. — Florence présente aussi plusieurs impressions faites pour le compte de la Société artistique ou de la Bibliothèque palatine de cette ville, et imprimées avec soin par MM. Mariano Cellini, directeur de l'imprimerie Galiléenne, et Passigli, imprimeur de la même ville. Nous citerons notamment une *Notice sur l'histoire des sciences physiques*, in-folio, imprimée par M. Cellini, et l'*Histoire des couvents de Saint-Marc de Florence*, in-quarto, imprimée par M. Passigli.

Etats Romains. — Nous mentionnerons pour simple mémoire le *Catalogue des médailles consulaires*, in-quarto, publié par M. Riccio, de Rome et de Naples. Il existe à Rome l'imprimerie de la Propagande, qui peut être considérée comme l'imprimerie du gouvernement pontifical. Il s'y fait en toutes langues d'assez bonnes impressions, qui n'eussent pas été déplacées à l'Exposition. Nous avons eu occasion de voir une récente publication de cet établissement, *l'Eglise orientale*, dont la disposition des notes présente un cachet particulier. Elles sont séparées du texte, sur le côté gauche, par un simple filet, ne régnant que sur un tiers de la justification.

Vénétie. — A Venise, dans les possessions italiennes de l'Autriche, nous trouvons plusieurs produits typographiques importants, notamment ceux exposés par les religieux méchitaristes arméniens du couvent de San-Lazaro. Nous reviendrons sur le mérite de ces publications en parlant de l'Autriche.

Les États italiens importent annuellement en France pour 80,000 fr. de livres en langues étrangères. Nos exportations, dans ces pays, dépassent un million de francs, dont 600,000 fr. pour la Sardaigne seule.

Espagne et Portugal.

Nous réunissons sous un même titre ces deux pays, dont les produits exposés n'offrent rien de remarquable. Ils appartiennent, comme ceux des États méridionaux de l'Europe, à l'école française. Seulement ils sont arriérés d'au moins vingt ans sur nos productions; et leurs impressions les plus récentes sont encore remplies de lettres ornées et ombrées, dont l'usage a cessé heureusement parmi nous, au grand profit de la bonne typographie. Les impressions de ces pays sont généralement faites en langues espagnole et portugaise.

Espagne. — L'Espagne, qui a d'importantes maisons d'imprimerie et de librairie à Madrid et à Barcelone, n'a présenté que quelques produits typographiques. Plusieurs volumes illustrés avec des vignettes françaises et quelques ouvrages d'éducation et de piété imprimés par M. Verdaguer de Barcelone, et M. Grases de Gerone, voilà à peu près le contingent plus que modeste de l'Espagne à l'Exposition universelle. Les maisons les plus importantes de Madrid, celles de MM. Gaspar et Roix, de M. Calleja, de M. Millado, se sont abstenues. Cependant, pour bien faire, l'Espagne n'avait qu'à consulter son passé. Les belles éditions sorties des presses d'Ibarra de Madrid sont encore présentes au souvenir des amis de la bonne typographie. Ce fut aussi dans ce pays, au couvent de Complute, que fut exécutée pour la première fois avec un soin remarquable, une Bible polyglotte, en six volumes in-folio, dont l'impression ne dura pas moins de quinze années. Nous sommes bien loin aujourd'hui de cette exécution lente et mesurée, et si les bons moines du couvent de Complute revenaient au milieu de nous, ils seraient bien surpris d'apprendre qu'un gros volume in-12 de huit cents pages a été imprimé en un seul jour par notre intrépide confrère Lahure.

Malgré la presque nullité de l'exposition espagnole, le mouvement typographique n'est pas sans importance dans ce pays. Les impressions dans la langue nationale sont assez nombreuses. Il s'y fait beaucoup de traductions d'ouvrages publiés à l'étranger.

L'Espagne importe annuellement en France pour une somme d'environ 250,000 fr. Le chiffre de nos exportations dépasse en moyenne 350,000 fr.

Il se fait avec les républiques hispano-américaines un commerce considérable de livres espagnols, mais la France a su, jusqu'à ce jour, se le réserver presque exclusivement au profit de notre industrie nationale. Nous devrons toutefois veiller attentivement à ce que ce débouché ne nous échappe pas. Le gouvernement espagnol s'est déjà préoccupé de cet état de choses, et on parle de primes qu'il se proposerait d'établir en faveur de l'exportation pour l'Amérique des livres imprimés dans la Péninsule.

Portugal. — Le catalogue officiel ne nous donne pour le Portugal que le nom d'une seule maison d'imprimerie, MM. José de Castro frères, imprimeurs à Lisbonne. Leur exposition consiste simplement dans une forme typographique composée de figures géométriques faites à l'aide de filets de zinc. Ce serait un procédé qui aurait un utile emploi dans les livres de sciences. Reste à savoir s'il y a économie de main-d'œuvre et assurance de durée dans l'emploi de ce système. Déjà en France des travaux analogues ont été faits avec une rare perfection par MM. Monpied et Moulinet; mais ces travaux estimables, toujours longs à exécuter, sont des tours de force typographique dont on peut rarement tirer un parti avantageux dans la pratique usuelle de l'imprimerie.

MM. Ferim et Robin, habiles relieurs de Lisbonne, nous ont fait connaître indirectement plusieurs productions de l'imprimerie nationale de cette ville; nous avons remarqué notamment les *Dépêches et correspondances du duc de Palmella*, publiées en français et imprimées in-8°, en caractères un peu forts et sur papier assez commun. Cet établissement public aura de grands progrès à faire, s'il veut rivaliser un jour avec les imprimeries impériales de Paris et de Vienne. Parmi les reliures exposées par MM. Ferim et Robin, nous avons retrouvé un agréable souvenir de France, un exemplaire de la *Chronique de Guinée*, volume in-8° imprimé avec goût et avec soin par notre confrère Thunot.

Ce pays, où la fabrication typographique est peu active, reçoit annuellement de la France pour environ 280,000 fr. de livres, dont plus de 70,000 fr. en langues mortes ou en langue portugaise.

États allemands, Autriche, Saxe, Prusse, etc.

L'Allemagne a une grande importance au point de vue de la production typographique. Ce pays, qui a été le berceau de l'imprimerie, est un de ceux où les impressions sont le plus nombreuses, sinon le plus remarquables. L'uniformité d'idiome des États germaniques, l'esprit méditatif et l'aptitude scientifique des Allemands ne sont pas étrangers à ce mouvement favorable à notre industrie.

Les États allemands, et notamment la ville de Leipzig, sont en effet le centre et le principal marché de la librairie pour tout le nord de l'Europe. Au seizième siècle, Francfort était le rendez-vous de la librairie allemande. Au dix-septième siècle, d'un côté, la gène apportée au commerce de librairie à Francfort par la censure impériale, de l'autre, la protection donnée en Saxe au commerce de librairie par les électeurs de cet État, firent la fortune de Leipzig. Bientôt Francfort perdit son ancien éclat, et Leipzig succéda à la ville impériale.

Nous devons rappeler ici, à l'honneur d'une petite ville allemande qui a eu un certain renom typographique, de la ville de Nuremberg, que cette cité intelligente donnait la première le bon exemple, par une ordonnance de 1623, de défendre à ses imprimeurs et libraires toute contrefaçon, sans distinction entre les livres privilégiés et ceux qui ne l'étaient pas [1]. Il a fallu plus de deux siècles pour que ce principe honnète entrât dans notre droit des gens.

Par la forme spéciale de leurs vieux caractères gothiques, par la largeur exagérée de leurs pages, par l'absence ordinaire d'interlignes, par la lourde disposition de leurs titres et par la qualité généralement commune de leur papier, les publications allemandes forment une école à part. « Les obscurités dont l'esprit germanique aime à s'entourer, a dit un ingénieux critique, l'habitude, désespérante pour un lecteur français, d'entasser plusieurs idées dans une même phrase qui dure toute la longueur d'une page, ne sont pas restées sans influence sur la typographie en Allemagne; les pages sont surchargées de parenthèses, de crochets, de guillemets, de notes et de contre-notes, de caractères de toutes formes et de toute dimension [2]. »

Nous venons de dire que les caractères gothiques des impressions allemandes contribuent à en faire une école spéciale; nous ajouterons que l'Allemagne s'est plu, sans motifs sérieux et sans aucuns avantages, à conserver seule en Europe, depuis l'origine de l'imprimerie,

[1] M. Paul Laboulaye. *Étude sur le droit de propriété littéraire en Allemagne.*
[2] M. Daremberg. *Journal des Débats*, 23 octobre 1855.

cette forme de caractères, alors que les autres États européens ont tous admis la même uniformité pour leur alphabet. On sait, en effet, que les caractères gothiques dont on se servit au quinzième siècle pour les premières impressions n'étaient pas plus la forme obligée de la langue germanique que de toute autre langue européenne, mais qu'ils étaient la simple reproduction des manuscrits qui se faisaient tous dans ce genre à l'époque de la découverte de l'imprimerie. M. Charles Laboulaye, l'intelligent directeur de la Fonderie générale des caractères, a récemment expliqué ce fait d'une manière neuve et ingénieuse. « Le caractère gothique, dit-il, genre d'écriture adopté généralement au moment de la découverte de l'imprimerie, rappelle évidemment, par la recherche des pointes, les flèches des constructions adoptées partout, et répond tout à fait au style gothique si naturel à l'Allemagne..... Par amour de la tradition, le type du style gothique a été conservé jusqu'à ce jour en Allemagne; nous croyons que c'est un tort : c'est, par un patriotisme exagéré, nier le progrès accompli depuis le quinzième siècle dans tous les arts, et nous faisons des vœux pour que les essais tentés par divers savants, et notamment par les frères Grimm, pour faire adopter à l'Allemagne les types du reste de l'Europe, soient couronnés de succès[1]. » Un tel vœu ne pouvait venir plus à propos, au moment où une association internationale se forme dans le but de faciliter les rapports des peuples entre eux par l'adoption de systèmes uniformes pour les monnaies, les mesures et les poids. L'uniformité de l'alphabet européen n'est pas moins désirable. Disons toutefois qu'un mouvement en ce sens s'est déjà produit depuis quelques années en Allemagne, et que nous avons remarqué à l'Exposition un certain nombre d'ouvrages allemands imprimés en caractères romains.

Dix États allemands ont envoyé leurs produits typographiques à l'Exposition universelle; nous devons citer en première ligne l'Autriche, le royaume de Saxe, la Prusse et le duché de Brunswick.

Autriche. — L'Autriche est la première des États allemands à mentionner à cause de la belle exposition de son imprimerie impériale de Vienne, où toutes les branches de la typographie sont étudiées et cultivées avec un esprit d'intelligence et de progrès dont nous ne pouvions avoir idée avant l'Exposition de Londres. Son curieux volume de *l'Oraison dominicale* imprimé en plus de huit cents idiomes différents, ses beaux modèles de chromotypie, ses épreuves d'impression naturelle, sont des merveilles dont il vous a déjà été parlé. Mais il faut le dire, là se borne à peu près l'exposition autrichienne, si l'on en excepte celle de MM. Engel et Forster de Vienne, M. Geible de Pesth et M. Wini-

[1] M. Charles Laboulaye. *Essai sur l'art industriel.*

ker de Brünn, qui ont exposé des produits appartenant autant à la gravure qu'à la typographie. Il est à regretter que la maison Haase de Prague, dont les produits avaient été distingués à l'Exposition de Londres, n'ait pas cru devoir se présenter à notre Exposition.

Il faut cependant accorder une attention spéciale à l'exposition typographique des possessions italiennes de l'Autriche. L'imprimerie des religieux méchitaristes arméniens de Venise a exposé des ouvrages remarquables par leur bonne exécution et la diversité des idiomes dans lesquels ils sont composés. Nous citerons notamment un livre de prières en vingt-quatre langues, de format in-folio, imprimé en noir et en couleur. M. Æmilianus, imprimeur à Venise, a exposé des *Missels* in-folio qui, pour l'exécution typographique et la reliure, peuvent rivaliser avec ceux des maisons belges. MM. Antonelli et Cechini, imprimeurs de la même ville, ont produit des ouvrages avec illustrations qui méritent également une mention particulière : le premier, une *Description des Monuments de Venise*, in-folio ; le second, les *Satires de Fusinato*, in-quarto, avec des illustrations originales et piquantes.

L'Autriche imprime surtout des livres allemands, sauf dans ses possessions d'Italie, où les publications sont faites en langues italienne et latine. Son imprimerie impériale absorbe la grande majorité des impressions en langues orientales.

Prusse. — L'exposition de la Prusse était fort peu considérable. Elle consistait surtout en quelques volumes exposés par MM Duncker et Dummler, libraires à Berlin. Ces ouvrages, ornés d'illustrations et d'encadrements, se recommandent par leur excellente exécution, due à des imprimeurs de Berlin et de Leipzig. M. Dummler a exposé une *grammaire démotique*, par M. Brugsch, imprimée avec des caractères d'une grande perfection par M. Schade de Berlin. Les ouvrages exposés par M. Duncker consistent en livres illustrés, que distingue une exquise élégance, et qui sont imprimés la plupart par MM. Giesecke et Devrient de Leipzig; nous citerons particulièrement les *Arabesques* de Putliz. Huit autres libraires ou éditeurs avaient également envoyé des publications qui appartiennent autant à la gravure qu'à la typographie, parmi lesquelles nous citerons les beaux ouvrages d'architecture avec gravures, édités par M. Riegel de Potsdam et MM. Ernst et Korn de Berlin. Nous avons encore ici à regretter une abstention, celle de M. Decker, imprimeur du roi à Berlin; les produits de cet imprimeur, qui possède de beaux types orientaux, avaient été distingués d'une manière spéciale à Londres. Sa belle édition française des *Œuvres de Frédéric le Grand*, en 30 vol. in-8°, avait sa place marquée à notre Exposition.

La Prusse n'a pas d'imprimerie du gouvernement. Les produits typographiques de ce pays sont en langue allemande et en langues mortes. Il se fait aussi beaucoup d'impressions en langues orientales.

Saxe. — En abordant la Saxe Royale et la ville privilégiée de Leipzig, dont les productions sont naturellement de l'école allemande, nous avons le regret d'avoir encore à signaler des abstentions. Nous comptons seulement à l'Exposition quatre imprimeurs de Leipzig, MM. Brockhaus et fils, Giesecke et Devrient, Hirschfeld, Teubner. Parmi les absents, nous devons mentionner MM. Charles Tauchnitz et Bernard Tauchnitz, qui ont reproduit avec un soin intelligent les chefs-d'œuvre des littératures anciennes et modernes. Nous exprimerons les mêmes regrets à l'égard de M. Weigel, libraire-éditeur à Leipzig, et de MM. Breitkopf et Haertel de la même ville, imprimeurs de premier ordre.

M. Teubner, dont nous avons à regretter la mort récente, avait exposé des ouvrages en plusieurs langues, en allemand, en grec, en syriaque, etc., avec et sans illustrations. Ces publications dénotent par leur bonne disposition un soin attentif apporté à leur exécution. Nous citerons une *Bible* et une *Imitation de Jésus-Christ*, en allemand, in-8°; une *Histoire de l'imprimerie*, avec illustrations, in-4°; les *Didascalica apostolorum*, en syriaque; les grandes éditions critiques des auteurs classiques de l'antiquité, format in-8°. La *Collection Teubnérienne* des classiques grecs et latins, format in-12, mérite aussi une mention spéciale.

MM. Brockhaus et fils ont la maison la plus considérable de Leipzig. Il sort, chaque année, de leurs presses un nombre infini de feuilles imprimées. Est-il besoin de dire que si quelques-uns de leurs produits sont remarquables par leur exécution et témoignent de ce que cette maison peut faire, la plupart se ressentent souvent de cette vraie fabrication à la vapeur. Les publications de MM. Brockhaus se distinguent autant par leur importance que par leur nombre. Il suffira de citer l'*Encyclopédie des sciences et des arts*, par MM. Ersch et Gruber, in-4°, dont 114 volumes ont déjà paru; leur *Dictionnaire de la conversation*, en 15 volumes in-8°, publication tirée à un nombre prodigieux, mais qui est loin de valoir typographiquement le *Dictionnaire de la conversation* imprimée par notre confrère Firmin Didot. L'*Illustration* allemande, qui est imprimé dans leur établissement, mérite plus d'éloges. MM. Brockhaus sont, en quelque sorte, les princes de la librairie saxonne; nous ne leur discutons pas cette grande position qu'ils ont su acquérir par leur infatigable activité, mais nous voudrions leur voir un peu plus de ce noble esprit dont étaient animés les bourgeois de Nuremberg au dix-septième siècle. Cette maison imprime des livres en toutes langues, allemand, grec, latin, français, anglais, idiomes divers de l'Orient, etc.

Les deux autres imprimeurs exposants de la ville de Leipzig sont

MM. Giesecke et Devrient et M. Hirschfeld. Ces maisons s'occupent surtout d'impressions pour la librairie et le commerce. Ils ont produit des spécimens d'impressions en couleur sur papier glacé pour étiquettes et annonces, remarquables de tirage, mais un peu lourds de composition. MM. Giesecke et Devrient ont exposé un volume qui mérite une mention spéciale à cause de sa remarquable exécution typographique. Cet ouvrage, imprimé pour le compte de M. Hinrichs, libraire exposant de la même ville, est intitulé : *Fragmenta sacra palimpsesta veteris et novi Testamenti.* C'est une reproduction en *fac-simile* typographique de cinq manuscrits, publiés par les soins de M. Tischendorf. L'écriture des manuscrits est en lettres onciales ou majuscules gravées tout exprès. M. Hirschfeld a exposé un livre de prières format in-18, imprimé tout en or, qui peut passer pour une curiosité et une rareté bibliographiques, quatre exemplaires ayant été seulement tirés. Aussi l'éditeur estime-t-il à trois cents francs la valeur du dernier exemplaire restant.

Il se fait à Leipzig des impressions dans toutes les langues, en allemand, en anglais, en français, en grec, en latin, dans les idiomes de l'Orient. M. Bernard Tauchnitz, dont nous avons déjà regretté l'abstention, publie de la manière la plus honorable, avec l'autorisation des auteurs et éditeurs anglais, une collection économique des grands écrivains de la Grande-Bretagne dans le format in-18.

Brunswick. — Après la Saxe Royale, l'État allemand dont l'exposition était la plus remarquable est le duché de Brunswick. Deux imprimeurs importants de la ville du même nom, MM. Vieweg et fils et M. Westermann, avaient envoyé de nombreux produits. Ces deux maisons impriment uniquement des livres allemands, grecs et latins.

MM. Vieweg s'occupent plus spécialement de publications scientifiques avec gravures intercalées dans le texte. Ces impressions sont généralement soignées ; elles ne nous ont pas paru toutefois égaler, pour le fini de la gravure et du tirage, les publications semblables imprimées par nos confrères Lahure, Martinet, Plon et Remquet, pour MM. Victor Masson et Langlois et Leclerq. M. Westermann publie des ouvrages d'un genre plus élevé sur l'histoire et la littérature et de grands dictionnaires qui ont un véritable mérite d'exécution.

Etats secondaires. — Après l'Autriche, la Prusse, la Saxe Royale et le duché de Brunswick, il ne reste pas d'États allemands dont l'exposition typographique mérite une attention particulière. Nous mentionnerons toutefois des produits du Wurtemberg, exposés par M. Schweizerbart, imprimeur-libraire à Stuttgart. C'est de la grosse impression courante à la manière allemande. MM. Katz frères de Dessau ont aussi exposé diverses éditions allemandes qui ne doivent pas passer inaperçues. Plusieurs imprimeurs et éditeurs de Francfort avaient envoyé à l'Exposition des volumes avec gravures, parmi lesquels il faut distinguer un bel ouvrage in-folio sur l'art et les costumes au moyen âge, publié par M. Henri Keller.

La Bavière n'est représentée que par une collection assez médiocrement imprimée du *Journal de la Société pour le perfectionnement des métiers à Munich*. Enfin, il faut citer la maison Juste Perthes, de Gotha, qui s'occupe plus spécialement de publications de cartes géographiques et dont l'exposition offre à cet égard un grand et remarquable assortiment.

Ici encore, en terminant cette revue de l'Allemagne, nous avons le regret d'avoir à signaler l'absence d'un nom célèbre dans la typographie allemande, celui de M. le baron Cotta, qui est à la tête de trois établissements importants d'imprimerie et de librairie, à Stuttgard, Augsbourg et Munich. Cette maison, regardée comme la première de l'Allemagne, est éditeur des œuvres des plus grands écrivains de ce pays. Ses publications sont remarquables par leur large et bonne exécution. Sa belle édition illustrée du *Faust* de Gœthe, format in-folio, eût été placée au premier rang dans notre Exposition.

D'après les documents officiels, le chiffre de l'importation en France des produits typographiques des États allemands dépasse annuellement 350,000 francs. Nos exportations directes dans ce pays s'élèvent à une somme inférieure : triste réalité qui n'est que trop justifiée par le commerce de contrefaçons françaises qui se fait encore dans une partie de ces États.

États du Nord : Danemark, Suède et Norwége.

L'exposition de ces trois États du Nord, qui semblent encore fort arriérés, n'est pas celle qui mérite le moins d'attention. Nous y avons remarqué plus d'un produit qui peut rivaliser avec les meilleures productions des États allemands. Les impressions de ces pays sont faites généralement en caractères gothiques ; quelques-unes seulement sont en caractères romains. Elles appartiennent à l'école allemande.

Danemark. — Le Danemark, qui a obtenu une grande médaille d'honneur pour le curieux piano-compositeur de M. Soresne, n'a pas envoyé directement de produits typographiques. C'est à l'exposition d'un relieur de Copenhague que nous avons trouvé de beaux et gros volumes en caractères gothiques, bible, livre de psaumes, etc., bien disposés et imprimés avec soin par M. Bianco-Luno de Copenhague, et édités par M. Reitzel de la même ville.

Suède et Norwége. — La Suède et la Norwége avaient fait chacune une exposition distincte.

Les produits de la Norwége nous ont paru les plus remarquables. Notre attention s'est surtout portée sur une belle *Bible* en caractères gothiques, imprimée par M. Grondbahl de Christiania.

Quant à la Suède, elle a un genre de disposition typographique qui lui est particulier. Ses impressions ne comportent pas de titres courants, et les folios sont placés sur le côté des pages, contrairement à l'usage admis, en l'absence de titres courants, de les placer au milieu. Nous ne saurions vous dire que cette innovation soit heureuse, et ce n'est pas là que nous engagerons nos metteurs en pages d'aller chercher leurs modèles. Toutefois, nous devons ajouter que quelques volumes nous ont paru imprimés avec plus de goût et se rapprocher plus heureusement de l'école française.

Les importations et les exportations entre la France et ces pays sont sans importance réelle.

Grèce.

Pour achever notre revue de l'Europe, il nous reste à vous parler de la Grèce. Ce pays, qui fait de constants efforts pour revenir à la vie intellectuelle et à la civilisation, avait envoyé son modeste contingent à l'Exposition. Il consistait principalement en un *Dictionnaire grec*, grand in-8° à trois colonnes, imprimé par M. Koromilas, d'Athènes. Ce volume ne nous a pas semblé égaler pour l'exécution typographique le *Dictionnaire grec* de M. Alexandre, imprimé par notre confrère Lahure pour la maison Hachette. M. Koromilas a exposé également des spécimens de caractères grecs dont les types nous ont paru n'être autres que ceux de notre confrère Firmin Didot.

Les impressions typographiques ne sont pas sans importance en Grèce. Il règne une certaine activité dans les imprimeries d'Athènes. Le gouvernement possède une imprimerie royale qui exécute d'assez bons travaux. Le *Moniteur grec* s'y imprime en langue française, fait assez curieux pour qu'il en soit fait ici mention.

Nos exportations dans ce pays sont peu importantes. L'importation est nulle.

AMÉRIQUE.

La partie du monde où la typographie est la plus active après l'Europe est certainement l'Amérique. Aux États-Unis surtout, l'art de Guttenberg est pratiqué avec une industrieuse activite et sur des proportions dont plusieurs États d'Europe ne peuvent approcher. Trois pays seulement, les États-Unis, le Canada et le Mexique, étaient représentés à l'Exposition universelle.

Les publications de cette partie du monde, que nous avons vues à l'Exposition, appartiennent à l'école anglaise. Vous savez que la majeure partie des peuples de l'Amérique du Nord parlent la langue anglaise. Aussi la grande majorité de ces impressions est-elle faite en cette langue; cependant nos confrères du nouveau monde font aussi quelques publications dans les principales langues usuelles, en français, en espagnol, etc., voire même en grec ancien.

Etats-Unis. — Nous n'avons pu juger des produits de l'imprimerie des États-Unis que par quelques volumes in-4°, imprimés avec assez de soin à New-York, Albany et Philadelphie, et exposés par M. Vattemare, fondateur du système d'échange international. Et encore, au nombre de ces ouvrages, avons-nous retrouvé un souvenir de l'imprimerie de notre confrère Plon, dans un grand volume d'histoire naturelle publié par M. Collins de Philadelphie. Cependant il se fait de bonnes et belles impressions dans cet industrieux pays, où l'on compte plus de quatre mille imprimeurs. Les journaux, notamment ceux de New-York, ont, sous le rapport typographique, une importance aussi grande que ceux de Londres. Le nombre de ces recueils quotidiens et hebdomadaires dépasse trois mille. Aussi est-il à regretter que les imprimeurs américains n'aient pas répondu à l'appel de la France.

Si l'Exposition des États-Unis, qui aurait pu être si intéressante, est à peu près nulle, en retour elle présente deux curiosités typographiques qui méritent une mention spéciale : c'est d'abord une belle Bible in-folio, parfaitement imprimée en relief pour l'usage des aveugles; c'est ensuite un volume in-8°, imprimé sur papier caoutchouc. Ce dernier volume, publié à New-Haven aux frais de M. Goodyear, grand fabricant de caoutchouc, ne laisse rien à désirer pour la disposition typographique. Il offre les perfections ordinaires de la fabrication anglaise. Les caractères sont d'une belle gravure. Chaque page est entourée d'un simple filet avec jolies vignettes aux angles. L'impression ressort bien sur ce papier d'un nouveau genre qui ne brille pas par la blancheur. Ce lourd volume, dont les pages sont peu maniables et sujettes aux influences de la température, a l'avantage, fort peu grand pour MM. les imprimeurs, d'être presque inusable et de pouvoir être lavé comme du linge. Cet ouvrage, imprimé sur caoutchouc et relié en caoutchouc, est l'histoire même du caoutchouc, de la découverte et des usages de ce précieux produit. Il a été tiré à un très-petit nombre d'exemplaires et n'a pas été mis dans le commerce.

Nous ne pouvons quitter les États-Unis sans rappeler un nom glorieux pour la typographie, celui de Benjamin Franklin, qui, d'abord simple ouvrier imprimeur, parvint, par son énergique persévérance et son ingénieuse capacité, à fonder une imprimerie importante à Philadelphie, et plus tard à acquérir une haute et influente position dans son pays par son bon sens, ses écrits populaires et ses grandes découvertes dans les sciences.

Les États-Unis nous envoient annuellement pour 35,000 francs de publications américaines. Nos exportations dans ce pays dépassent 600,000 francs.

Nouvelle-Bretagne. — Six imprimeurs de la Nouvelle-Bretagne ou du Canada, MM. Lowell, Mackay, Rose, Salter et Starcke, de Montréal, M. Smith de Saint-Jean, ont envoyé leurs produits typographiques à l'Exposition universelle. Ces ouvrages se distinguent par une exécution convenable qui rentre dans l'école anglaise.

M. Smith, imprimeur à Saint-Jean, a exposé un journal imprimé en couleur noire sur soie blanche. C'est un luxe typographique que nous connaissons peu en France. Rappelons toutefois les *Stances* de M. Barthélemy, imprimées en or sur soie blanche par notre confrère Plon pour la visite de S. M. la reine d'Angleterre à l'Exposition universelle.

On sait que la langue usuelle du pays est la langue française. Aussi nos publications y jouissent-elles d'une certaine faveur. Cependant le chiffre de nos exportations directes ne dépasse pas 150,000 francs.

Mexique. — Le Mexique, quoique situé au fond de l'Amérique et malgré ses dissensions intérieures, nous a envoyé plusieurs échantillons d'une typographie soignée pour un pays encore si peu avancé.

M. Cumplido, imprimeur à Mexico, a exposé des *Keepseakes* du format in-8°, avec des encadrements ornés à chaque page et tirés en diverses couleurs. Mais le chef-d'œuvre de l'exposition mexicaine était un mince volume in-8°, richement relié en velours, et reproduisant un sermon en langue espagnole. Ce volume offre la particularité d'être imprimé avec des encadrements tirés en argent, ce qui est d'un assez heureux effet. Inspiré par l'école française, il ne serait pas déplacé auprès de plus d'un produit européen.

La fabrication courante est du reste à peu près nulle dans ce pays. La France y expédie annuellement pour une somme d'au moins 450,000 fr., dont 250,000 fr. en langue espagnole. Ce commerce d'exportation a subi, dans ces dernières années, plutôt une diminution qu'une augmentation. Cette situation mérite de fixer l'attention de MM. les éditeurs français.

A ces trois pays se borne, comme nous l'avons dit, l'exposition américaine. Les États de l'Amérique du Sud n'ont rien envoyé; mais il faut dire que la production typographique est insignifiante dans ces contrées, à l'exception du Chili où, grâce à un ancien professeur de Paris, M. Vendel-Heyl, il s'est récemment imprimé d'assez bons livres en langues française et espagnole, et même en langue grecque. Vous savez, du reste, que ces pays tirent presque tous leurs livres espagnols de l'Europe et particulièrement de la France. Le chiffre de nos exportations dans les États de l'Amérique du Sud, et notamment au Brésil, au Chili et au Pérou, dépasse annuellement 1,500,000 francs.

OCÉANIE.

De l'Amérique nous passons à l'Océanie, parce que cette vaste partie du monde se rapproche de l'Amérique et de l'Europe par le genre des publications envoyées à l'Exposition, qui sont pour la plus grande partie en langue anglaise et appartiennent à l'école de ce nom. Elles constatent des progrès et un accroissement qui ne semblent pas devoir s'arrêter, et qui peuvent surprendre ceux qui croient encore arriérés ces pays si éloignés des Etats de la vieille civilisation.

Les productions typographiques, que nous avons rencontrées en assez grand nombre à l'Exposition, appartiennent toutes aux colonies anglaises de cette partie du monde, à deux provinces de l'Australie, la Nouvelle-Galles du Sud et la province de Victoria, et à la Tasmanie ou terre de Van Diemen. Nous avons remarqué les noms de plus de dix-huit imprimeurs établis à Sydney, Melbourne, Sandhurst, Hobart-Town et Launceston.

Australie. — Les volumes exposés par les imprimeurs de l'Australie ont un air de famille avec la mère patrie. Parmi ces productions nous avons remarqué un *Annuaire de la Nouvelle-Galles*, pour l'année 1854, imprimé par MM. Waugk et Cox de Sydney, dans le format in-8°, avec tableaux statistiques bien exécutés; un *Catalogue d'une Exposition des produits de l'industrie à Melbourne*, du format in-4°, imprimé par MM. Reading et Wellburck de Sydney.

Les journaux anglais de ce pays ont une importance et des dimensions aussi grandes que ceux de Londres et de New-York. L'*Advertiser office*, imprimé à Melbourne, par M. Ferres; l'*Argus*, imprimé dans la même ville par MM. Wilson et Mackinnon ; le *Bandigo advertiser*, sortant des presses de M. Georges Cox de Sandhurst, ne laissent rien à désirer pour la disposition et le tirage. Plusieurs numéros de ces journaux envoyés à l'Exposition étaient tirés sur soie, les uns en couleur noire sur soie blanche ou rose, les autres en couleur blanche sur soie noire. Nous avons aussi remarqué le programme d'un concert donné à Melbourne, imprimé en couleur blanche sur soie noire. Nous ne sommes pas habitués en France à un genre aussi coquet d'impression ; mais, disons-le, il y a une cause à ce luxe typographique : l'usage a prévalu dans ce pays d'offrir au gouverneur d'une province les journaux imprimés de cette manière, quand il fait une tournée d'inspection.

Tasmanie. — Les publications exposées par les imprimeurs de la terre de Van Diemen ne sont pas moins remarquables que celles de leurs confrères d'Australie. Nous avons distingué une *Statistique de la Terre de Van Diemen,* pour l'année 1854, imprimée avec goût par M. Barnard de Hobart-Town; le *Courrier,* journal sorti des presses de MM. Best de la même ville; une *Histoire de la Tasmanie,* format in-8°, éditée par M. Dowling de Launceston; *Une Année en Tasmanie*, format in-8°, publiée par M. Fletcher de Hobart-Town.

ASIE.

S'il faut en croire certains chroniqueurs, l'Asie pourrait disputer à l'Europe la gloire d'avoir découvert l'imprimerie, et les Chinois auraient connu et pratiqué cet art longtemps avant nous [1].

Dans cette vieille partie du monde nous retrouvons encore les colonies et dépendances de l'Angleterre et les traditions typographiques de ce puissant État. Les seules impressions exposées par les pays asiatiques viennent de l'Inde anglaise, de l'Inde française et de l'île de Ceylan. D'importantes publications typographiques ont été faites en Chine; mais, vous le savez, ce pays dédaigne de se mettre en rapports avec les peuples européens.

Les impressions venues de l'Asie sont, les unes en langue anglaise, les autres dans les divers idiomes de l'Orient. Les premières appartiennent à l'école anglaise, les secondes à l'école orientale. Vous connaissez les caractères distinctifs de la plupart des impressions orientales, et par suite de l'école de ce nom, leurs caractères à déliés si légers, leur composition de droite à gauche, leur mise en pages à rebours, leurs titres placés à la fin des volumes.

Indes anglaises. — Les produits typographiques exposés par la Compagnie des Indes orientales sortaient des imprimeries établies à Bangalore, Calcutta, Madras, etc., qui toutes appartiennent aux missions évangéliques. Il s'imprime dans ces établissements un nombre prodigieux et varié de Bibles dans tous les formats et dans tous les idiomes de l'Orient, en hindou, malgache, tamoule, mantchou, singalais, etc. Les diverses éditions des Bibles, qui étaient exposées dans une sorte de pagode en beau bois d'ébène, sont toutes remarquables

[1] Dans son *Essai sur la typographie,* M. Ambroise Firmin Didot rapporte des textes d'historiens français et chinois d'après lesquels l'imprimerie aurait été connue en Chine, suivant les uns, trois siècles avant J. C., suivant les autres, six siècles après J. C.

par leur bonne exécution et témoignent du progrès typographique dans ces contrées si éloignées. Nous avons aussi examiné plusieurs publications importantes en langue anglaise, d'une bonne impression courante. Elles se composent généralement de documents et actes officiels.

Ile de Ceylan. — L'imprimerie des missions évangéliques, établie à Colombo, dans l'île de Ceylan, avait envoyé des exemplaires, format in-12, de classiques primaires à l'usage des écoles de l'île, un *Syllabaire*, une *Géographie*, une *Histoire de l'État de Ceylan*, imprimés en langue singalaise avec un soin qu'on ne trouve pas toujours en Europe dans les ouvrages de ce genre.

Inde française. — Notre colonie française de l'Inde avait aussi envoyé son contingent à l'Exposition. Nous y avons remarqué des impressions en langue tamoule, sorties des presses de l'imprimerie de la congrégation des Missions étrangères à Pondichéry.

AFRIQUE.

Quatre pays de l'Afrique, l'Égypte, l'Algérie, l'île Bourbon, le cap de Bonne-Espérance, ont adressé leurs produits typographiques à l'Exposition universelle. Ces publications appartiennent aux écoles orientale, française et anglaise, et témoignent d'un certain désir de progrès de la part des imprimeurs de cette partie du monde.

Égypte. — L'exposition africaine la plus importante est celle de l'imprimerie du vice-roi d'Égypte, à Boulack, près du Caire. Elle se compose de plus de cent cinquante volumes, format in-8°, en arabe, en turc et en persan, dont quelques-uns sont enrichis d'arabesques assez soignées, eu égard à l'état arriéré de notre art dans ces pays. L'exécution de ces volumes est assez bonne. Elle ne vaut pas toutefois celle des ouvrages du même genre imprimés dans l'Inde anglaise. Les pages de tous ces volumes sont encadrées avec des filets gras et maigres qui ne sont pas d'un heureux effet et dont les angles ne joignent point exactement. MM. les compositeurs de l'imprimerie vice-royale auraient grand besoin de recevoir quelques leçons de MM. Monpied et Moulinet. Nous sommes heureux d'avoir à rappeler à votre souvenir que les progrès faits par la typographie dans ce pays peuvent revenir en partie à un de nos anciens confrères, M. Lainé, qui n'a pas hésité à quitter quelques années la France pour contribuer à la propagation de l'œuvre de Guttenberg dans ces pays demi-civilisés.

Algérie. — L'Algérie, cette nouvelle terre française, a envoyé aussi de remarquables produits typographiques. Nous ne parlerons que pour ordre des beaux manuscrits arabes exposés par Ahmed-Ben-Ayad et Mohammed-Ben-Mezabeth, de Tlemcen. Ces manuscrits ne se rattachent à la typographie que par leur caractère d'imitation ; mais nous devons une mention toute spéciale à l'exposition de M. Bastide, imprimeur-libraire à Alger, qui a beaucoup contribué, par ses publications arabes et françaises, à populariser l'étude de ces deux langues dans notre jeune colonie. Nous avons remarqué, parmi ses nombreuses publications en arabe, un *Cours de langue arabe*, par M. Besnier, format in-8°, qui se distingue par une excellente disposition et exécution typographique. Il ne se fait pas mieux en France, même à notre Imprimerie impériale. Nous citerons comme également dignes d'attention un *Dictionnaire arabe et français*.

Nos exportations en Algérie s'élèvent annuellement en moyenne à 350,000 francs.

Ile Bourbon. — Nous retrouvons encore la France à l'exposition des produits de l'île Bourbon. L'imprimerie des jeunes Malgaches de Notre-Dame de la Ressource a envoyé plusieurs volumes en langue malgache, qui se distinguent par la netteté de leur impression. A côté de ces volumes nous avons trouvé un *Ordo* du diocèse de Saint-Denis, imprimé par M. Lahuppe, imprimeur de l'évêché. Ce petit volume, curieux comme spécimen de l'impression courante de notre colonie africaine, peut rivaliser sans désavantage avec les *Ordo* de la mère patrie.

Le chiffre de nos exportations annuelles dans cette colonie dépasse 100,000 francs.

Cap de Bonne Espérance. — Nous arrivons au cap de Bonne-Espérance, et nous sommes enfin parvenus au terme de notre pérégrination typographique. Deux imprimeurs de cette importante colonie anglaise, MM. Saul Salomon et Van de Sandt de Villiers, de la ville de Cap-Town, ont envoyé quelques volumes sortis de leurs presses, qui témoignent d'un certain mérite. Ces volumes appartiennent à l'école anglaise et en présentent la bonne contexture ; ce sont un *Almanach* pour 1855, une *Statistique de la colonie* avec tableaux, une *Description des forêts de l'Afrique méridionale*.

Nous venons de parcourir successivement l'Exposition de toutes les parties du monde, dont les imprimeurs ont tenu à honneur de venir prendre part à ce grand concours international. Nous avons cherché à entrer dans des détails suffisants pour vous donner une idée sommaire de la valeur de ces expositions et de l'état de la typographie dans ces pays. Il nous reste à vous parler de la France ; vous la connaissez mieux, nous aurons ainsi à vous en entretenir avec moins de détails.

FRANCE.

La France comptait à l'Exposition universelle quatre-vingts exposants, dont cinquante pour Paris et trente pour les départements. Sur ce nombre, quarante-huit sont imprimeurs et trente-deux seulement libraires ou éditeurs. Ce nombre est proportionnellement peu élevé, comparativement au chiffre total des imprimeurs et des libraires de la France, qui dépasse cinq mille.

Le nombre des impressions qui se font annuellement en France est considérable. Une statistique récente[1] porte à plus de huit mille le chiffre des ouvrages imprimés chaque année, et à plus de quatre-vingt-huit mille le nombre de feuilles dont se composent ces livres.

Cette quantité considérable d'impressions faites annuellement en France n'a rien qui doive surprendre. C'est dans les pays actuellement réunis à la France, à Strasbourg en Alsace, que Guttenberg faisait ses premiers essais d'impression, et depuis cette époque, bien des noms glorieux, qui ont illustré la typographie française et en tête desquels il faut placer la célèbre famille des Estienne, témoignent de l'état constamment prospère de notre art. La bonne exécution de nos produits et la faveur dont jouit la langue française dans tous les pays du monde, où elle est souvent le langage des classes instruites et quelquefois même la langue officielle, ont contribué également à cette heureuse situation.

Les impressions faites en France sont pour la plus grande partie en langue française. Il s'imprime toutefois un certain nombre d'ouvrages en langues mortes, et notamment en latin et en grec. La législation française respectant le droit de propriété littéraire des étrangers, il ne s'imprime pas de livres de littérature étrangère contemporaine. Il se fait cependant quelques réimpressions d'ouvrages anciens en langues allemande et anglaise et des publications assez importantes en langues espagnole et portugaise pour les pays d'outremer. Quant aux langues orientales, l'Imprimerie impériale absorbe ce genre d'impressions que nous avons retrouvé si florissant dans d'autres pays du monde.

La France exporte annuellement, en moyenne, pour une valeur de plus de dix millions de francs, dont un million et demi en livres en langues mortes ou étrangères. Les pays où nos exportations sont le plus importantes sont la Belgique, l'Angleterre, la Sardaigne, la Suisse, les États-Unis, le Mexique, le Brésil, le Chili, le Pérou, etc. Ces chiffres

[1] M. E. Gauthier. *Annuaire de l'Imprimerie.*

ne peuvent qu'augmenter en présence des conventions internationales qui sont conclues chaque jour et qui auront pour effet d'éteindre complétement la contrefaçon des publications françaises. Les importations des principaux États du monde en livres en langues étrangères ne dépassent pas en moyenne un million et demi.

En ces derniers temps, on a souvent discuté et agité la question de savoir si les libraires ou éditeurs devaient être considérés comme fabricants, et, à ce titre, admis aux expositions de l'industrie. Nous n'avons pas l'intention de venir raviver ce débat ; nous dirons seulement que, si les libraires et éditeurs n'ont pas eu leurs produits honorés de récompenses à l'Exposition de Londres, ils ont été de tout temps admis en France aux expositions et aux récompenses, et nous croyons qu'à cet égard, on n'a fait que justice.

« Quand le libraire, a dit un savant économiste, n'est qu'un simple marchand de livres, il n'a pas droit à prendre sa place dans le palais de l'Industrie ; mais l'éditeur, l'éditeur intelligent et homme de goût, peut réclamer sa part dans le mérite d'une œuvre typographique. Le rôle qu'il remplit présente quelque analogie avec celui d'un architecte pour la construction d'un édifice [1]. »

On doit reconnaître que le plus souvent le mérite de la bonne exécution typographique d'un livre revient à l'imprimeur ; toutefois il ne faut rien d'exclusif, et on doit ajouter que souvent aussi l'éditeur peut revendiquer sa part par suite du goût et du soin qu'il a mis au choix du format et des caractères et à l'agencement général du volume. Au reste, il nous importe peu de savoir comment et de quelle manière ont été produits le beau et le bien ; ce qui nous intéresse, c'est d'avoir à vous signaler de belles choses dignes d'attention.

Comme nous l'avons dit, nous n'avons pas la prétention d'analyser et de juger tous les produits des quatre-vingts exposants de la typographie française. Il nous faudrait doubler un compte rendu déjà trop long et nous poser en arbitres de nos pairs. Nous nous bornerons à réunir simplement par groupes les divers genres de fabrication que nous avons rencontrés dans notre exposition typographique. Nous n'avons pas à nous occuper de la superbe et riche exposition de l'Imprimerie impériale. Un rapport spécial vous a énuméré tout ce qu'elle renfermait de nouveau et d'intéressant pour notre industrie, et vous a fait connaître sa splendide édition de l'*Imitation de Jésus-Christ* et sa belle *Collection des monuments de la littérature orientale*.

Les impressions en couleur et en chromo, à plusieurs nuances, qui sont devenues une sorte de mode depuis quelques années, avaient pour

[1] M. Audiganne. *Moniteur universel*, 22 août 1855.

représentants de ce qui se fait de mieux en ce genre M. Plon de Paris, M. Meyer de la même ville, et M. Silbermann de Strasbourg. M. Plon, véritable maître ès arts, a exposé un joli choix d'aquarelles typographiques qui méritent une mention spéciale. Jusqu'à ce jour, tout ce qui avait été imprimé en couleur par la typographie n'avait été fait qu'à teintes plates. M. Plon est parvenu à donner par la presse typographique un modelé qu'on n'avait pas encore obtenu. M. Meyer a exposé des blasons fort habilement exécutés en couleurs, et un genre spécial d'impressions, qui s'écarte un peu de la typographie, des modèles de tapisserie. Ces modèles, qui représentent généralement des fleurs, offrent jusqu'à cinquante nuances obtenues seulement par quinze tirages. Il en existe d'un fini remarquable. M. Silbermann, qui est aussi un maître dans cet art, présentait une exposition des plus variées. Nous y avons remarqué notamment l'ancienne bannière de Strasbourg, reproduite d'après un tableau du quatorzième siècle et imprimée en trente-six couleurs, et les vitraux des Quatre Chevaliers, reproduction du treizième siècle, en dix-huit tons d'un bel effet. Cet imprimeur se livre, d'après les mêmes procédés, à une fabrication considérable de petits soldats coloriés qui sont collés sur carton et destinés aux enfants. Il n'y a rien à reprendre dans la production typographique de ces légions de soldats, « qui sortent annuellement des presses de M. Silbermann au nombre de cent vingt mille feuilles, et qui envahissent la France, l'Allemagne et l'Angleterre, au grand déplaisir des amis de la paix, qui les ont particulièrement signalés dans les journaux comme un puissant obstacle à l'accomplissement de leurs vœux[1]. »

La vraie et pure typographie comptait de nombreux et remarquables produits. Le volume de *la Touraine*, édité et imprimé avec des illustrations par M. Mame de Tours; l'*Exploration scientifique de l'Algérie*, éditée et imprimée par MM. Firmin Didot; les *Vierges de Raphaël*, imprimées par M. Plon pour MM. Furne et Perrotin; le *Paradis perdu* de Milton, imprimé par M. Claye pour MM. Bigot et Furne; le *Caucase pittoresque*, imprimé par M. Plon; *Nantes et la Loire-Inférieure*, publiée par M. Charpentier de Nantes; la réimpression du *Thesaurus linguæ græcæ* de Robert Estienne, entreprise si belle et si honorable pour la maison Firmin Didot, etc., témoignent du goût encore existant pour la belle typographie et des progrès qu'elle continue de faire chez nous.

Nous manquerions à notre mission si nous n'accordions une mention toute spéciale à ce somptueux volume in-folio de *la Touraine*, chef-d'œuvre de typographie et d'ornementation sévères, imprimé et publié

[1] M. Ambroise Firmin Didot. *Rapport sur l'Exposition de Londres.*

par M. Mame. Cet ouvrage, marqué au cachet d'une noble élégance, était certainement le plus remarquable de l'Exposition, après le riche et coûteux volume de l'*Imitation de Jésus-Christ*, exposé par l'Imprimerie impériale; et même, à notre avis, pour les amateurs de la pure typographie, *la Touraine* est préférable à l'*Imitation*. Ce volume de notre confrère tourangeau est en effet le type de cette bonne et vraie typographie qui tire sa mâle beauté de l'excellente gravure des caractères, d'un interlignage convenable, d'une justification ni trop large ni trop étroite, d'une disposition large des titres et des chapitres, heureuses conditions qui donnent à l'ensemble du livre un air parfait d'aisance et de noblesse. Une telle publication, imprimée avec soin et sur beau papier, n'a pas besoin d'appeler à son secours le coloris et le brillant de ses couleurs; il lui suffit de se présenter dans sa noble simplicité, sans fard et sans colifichets étrangers à la typographie. De tels ouvrages nous reportent avec bonheur aux belles éditions des *Œuvres de Racine* et de la *Henriade de Voltaire* publiées dans le format in-folio, au commencement de ce siècle, par la famille Didot, et que le rapport du jury de l'Exposition de 1806 proclamait les chefs-d'œuvre de la typographie de tous les pays et de tous les temps. Notre confrère Mame a fait hommage à notre bibliothèque d'un exemplaire magnifiquement relié de son chef-d'œuvre. Chacun de vous pourra l'examiner et s'assurer que nos éloges n'ont rien d'exagéré. Nous devons aussi une mention particulière aux coopérateurs de M. Mame dans cette belle œuvre : MM. Fournier, directeur de l'imprimerie ; Preignon, chef des ateliers typographiques; Chaussemiche, metteur en pages; Duval, conducteur de mécanique.

Après la vraie typographie se présente la nouvelle typographie de luxe, l'impression illustrée, création qui ne date que d'un petit nombre d'années et qui est déjà arrivée à une rare perfection. Aussi, aujourd'hui, un beau livre doit-il être illustré ! Les produits de ce genre ne manquaient pas à l'Exposition. *La Touraine* peut encore rentrer dans ce genre spécial, par les vignettes et les gravures dont elle est ornée. M. Claye a exposé deux exemplaires des *Galeries de l'Europe* publiées par M. Armengaud, l'un sur papier de Chine, l'autre sur papier vélin, que chacun se plaisait à citer comme des modèles du genre, pour la disposition typographique, le fini d'exécution, le tirage des vignettes dû au talent modeste de M. Joseph Wentersinger, l'ancien et fidèle directeur des mécaniques de cette imprimerie. Les *Galeries de l'Europe* offrent sous le rapport typographique cette particularité qu'on n'y rencontre au bout des lignes aucune division de mots. Ce n'est que par un long et minutieux calcul qu'on est arrivé ainsi à ne pas couper un seul mot à la fin des lignes. M. Bénard, le successeur de la maison

Lacrampe, a aussi exposé des spécimens remarquables de tirage de l'*Histoire des Peintres*, cette belle publication illustrée, éditée par la maison Renouard, sous l'intelligente direction de M. Jules Tardieu.

Combien d'autres livres à citer encore dans ce genre de publications illustrées : le *Paul et Virginie* de Bernardin de Saint-Pierre, imprimé par M. Everat pour M. Curmer; l'*Histoire de Don Quichotte*, *Notre-Dame de Paris*, imprimés par M. Plon, le premier pour MM. Paulin et Dubochet, le second pour M. Furne; les *Trois règnes de la Nature*, imprimés par M. Paul Dupont pour M. Curmer; l'*Essai sur l'Architecture militaire* et le *Dictionnaire d'Architecture*, imprimés par MM. Bonaventure et Ducessois pour M. Bance; la *Bible de Royaumont*, imprimée par M. Gratiot pour M. Morizot; le *Mémorial de Sainte-Hélène*, le *Voyage dans la Crimée méridionale*, imprimées par MM. Schneider et Langrand et par M. Claye pour M. Ernest Bourdin; les *Fables de Lafontaine*, illustrées par Grandville, imprimées par M. Mame pour MM. Garnier; l'*Alsace illustrée*, imprimée et publiée par M. Silbermann de Strasbourg.

Au même genre se rattachent les journaux illustrés, parmi lesquels nous citerons l'*Illustration*, imprimée successivement, d'une manière si remarquable, par MM. Lacrampe, Plon et Firmin Didot, pour la maison Paulin et Lechevallier; le *Magasin pittoresque*, commencé d'une manière si heureuse par M. Martinet et continué avec un égal succès par M. Best, l'habile graveur des illustrations de ce recueil; le *Journal pour tous*, le succès du jour, imprimé par M. Lahure, à un prix et à un nombre fabuleux.

L'impression de livres avec illustrations a conduit à l'impression séparée de gravures par la presse typographique, soit sur des bois gravés, soit sur des cuivres en relief produits par la galvanoplastie, soit sur des planches de zinc reproduites en relief. Dans ce genre, M. Plon a exposé des gravures d'une belle grandeur, tirées d'une manière remarquable par les soins de son frère, M. Auguste Plon. Citons notamment l'*Attaque d'une redoute en Crimée* et le *Débarquement de la reine d'Angleterre*. Dans le même genre on remarquait à l'exposition de l'économie domestique une grande *Carte de France* de MM. Lebrun et Le Béalle, de deux mètres dix centimètres sur un mètre cinquante centimètres, gravée en relief sur cuivre et imprimée d'un seul coup sur presse mécanique par M. Napoléon Chaix. C'est, nous le croyons, le premier essai fait sur une si grande dimension.

A côté de la typographie illustrée de luxe se place l'illustration usuelle pour les ouvrages courants et notamment pour les livres de sciences. En ce genre, MM. Langlois et Leclercq et Victor Masson ont été les principaux promoteurs d'un système nouveau d'impression avec vignettes dans le texte, qui a acquis, de nos jours, une grande vogue. Les volumes d'histoire naturelle, de mécanique, de chimie, etc., imprimés pour ces éditeurs par MM. Lahure, Martinet, Plon et Remquet, ne laissent rien à désirer pour l'exécution. Dans ce genre, il faut encore citer le *Traité de physique* de M. Ganot, avec belles gravures sur bois, imprimé supérieurement par M. Claye.

Les publications courantes témoignent aussi d'un progrès remarquable. Il nous suffira de vous citer l'édition des *Œuvres de S. M. Napoléon III*, grand in-8°, imprimée par M. Lahure pour M. Amyot; le *Règne animal* de Cuvier, onze volumes in-4°, imprimé par M. Remquet pour M. Victor Masson; les *Œuvres de Walter Scott*, nouveau format in-8° compacte créé par notre habile éditeur M. Furne, imprimées par M. Claye; l'*Histoire de France* de M. Henri Martin, imprimée par M. Duverger pour la même maison; les ouvrages de MM. Guizot, Villemain, Salvandy, etc., imprimés par MM. Bonaventure et Ducessois et M. Gratiot pour M. Didier; l'*Histoire du Consulat et de l'Empire* de M. Thiers, imprimée par M. Plon pour MM. Lheureux et Paulin; l'*Histoire de la Turquie* de M. Lavallée, imprimée par M. Simon Raçon pour MM. Garnier; les *Œuvres d'Oribase*, en grec et en français, éditées par M. Daremberg et imprimées par l'imprimerie impériale pour M. J. B. Baillière; les grands dictionnaires de M. Bouillet, imprimés par M. Lahure et M. Panckouke pour la maison Hachette; la *Collection des classiques grecs*, avec version latine, format grand in-8°, éditée par MM. Firmin Didot et imprimée dans leur établissement du Mesnil; les ouvrages de médecine, avec gravures, imprimés par M. Martinet pour M. J. B. Baillière; les *Œuvres de Buffon*, revues par M. Flourens, imprimées par M. Claye pour MM. Garnier; les tableaux et ouvrages de mathématiques imprimés et édités par M. Mallet-Bachelier; les ouvrages sur l'industrie et les sciences édités par M. Victor Dalmont et imprimés par M. Thunot de Paris et M. Hennuyer des Batignolles; le *Dictionnaire d'administration*, publié et imprimé par la maison Berger de Strasbourg; les ouvrages d'économie politique imprimés par M. Gratiot pour M. Guillaumin; la *Légende de saint Pourçain*, imprimée par M. Desroziers de Moulins; les jolis volumes de la *Bibliothèque des chemins de fer*, imprimés par M. Lahure pour la maison Hachette; enfin la *Bibliothèque Charpentier*, dont le format, importé d'Angleterre, est devenu à la mode et a valu à son principal promoteur en France l'honneur de porter son nom. En 1838 parurent les premiers volumes de cette importante collection, qui compte maintenant plus de trois cents volumes sortis des presses de MM. Plon, Gratiot, Simon Raçon, etc., et de plusieurs imprimeries des départements. Ces volumes furent faits à cette époque dans le même format et sur le même plan que ceux du *The Cabinet Cyclopædia* du docteur Lardner, que M. Paulin venait de reproduire exactement en commençant la publication d'une traduction de cette collection. D'autres publications sérieuses sortant des presses de MM. Cosnier et Lachèze d'Angers, Vingtrinier de Lyon, Marteville et Oberthur de Rennes, Marc Aurel de Valence, etc., ont également mérité de fixer notre attention.

Voilà certes un beau contingent pour les bonnes impressions courantes, et pourtant il n'est pas tout ce qu'il devrait être. Les publications à quatre sous, la littérature légère des romans et des feuilletons, ces productions éphémères, parfois si dangereuses pour l'esprit et le cœur, empêchent la librairie sérieuse de prendre tout le développement qui lui était réservé au milieu de la reprise générale des affaires.

A côté de ces publications destinées aux gens du monde, les livres d'office et de liturgie occupaient un rang important à l'exposition française. Plusieurs éditeurs de Paris, MM. Curmer, Morizot, Plon, Mme Janet, etc., ont fait faire à ce genre de publications de notables progrès. Plusieurs imprimeurs des départements ont su habilement les suivre dans cette voie. Format portatif, netteté des caractères, illustrations légères, encadrements variés, disposition claire et méthodique des offices, tout a été mis en œuvre par MM. les éditeurs parisiens de livres d'offices pour s'attirer et captiver la faveur des nombreux fidèles.

Parmi ceux de ces livres qui nous ont le plus frappé sous le rapport typographique, abstraction faite du prix de revient, nous citerons le nouveau *Livre de Mariage* et le *Paroissien complet*, illustrés et imprimés par M. Plon. Le *Livre de Mariage* est rehaussé d'une ornementation brillante empruntée aux manuscrits du moyen âge. Les vignettes, les encadrements, les lettres ornées, etc., sont imprimés en plusieurs couleurs, de manière à imiter les enluminures des anciens manuscrits. La lettre initiale de chaque alinéa des psaumes est imprimée en noir et en rouge, au moyen de cadratins surélevés. Ce peut être une réminiscence de la renaissance, mais les opinions semblent partagées sur l'effet que produit cette double impression.

L'exposition de M. Morizot, le continuateur de la maison Belin-Leprieur et Morizot, offrait une belle variété de livres d'offices, fort élégamment reliés, imprimés avec encadrements, en noir et en couleur, par M. Gratiot de Paris et M. Crété de Corbeil; nous avons remarqué surtout le *Paroissien* format diamant, qui nous semble une heureuse innovation. M. Curmer a édité et fait imprimer chez M. Paul Dupont un *Paroissien* illustré, format grand in-32, avec encadrements en couleur. On y reconnaît le bon goût dont cet éditeur a donné tant de preuves dans ses belles publications illustrées. MM. Bonaventure et Ducessois ont imprimé, pour la maison Janet, de jolis

Paroissiens, dans lesquels nous avons remarqué des caractères italiques penchés de gauche qui étaient d'un bon effet. M. Bénard a exposé un *Paroissien*, en latin et en espagnol, avec un lourd encadrement imprimé en rouge vif. Votre commission n'avait pas trouvé heureuses la largeur des cadres et la vivacité de la couleur. Il lui a été expliqué que ce livre était destiné à l'Espagne et que les matrones espagnoles affectionnaient ces lourdes et vives couleurs. Elle a dû s'incliner devant le goût de ces dames.

Nous avons dit que la province avait fait faire de son côté quelques progrès à la fabrication de ces ouvrages. Les livres d'offices et de prières sont une des spécialités de la maison Mame de Tours, qui a entrepris ces impressions sur des proportions colossales. Aussi ce genre de livres était-il en grand nombre à son exposition, sous les formes de reliures les plus variées, *Paroissiens*, *Eucologes*, *Journées du chrétien, etc.*, de tous formats et de toute qualité, avec et sans encadrements en noir et en couleur. Dans l'exécution généralement bonne de ces livres, chacun de nous était heureux de retrouver le cachet de notre ancien confrère Fournier. Après le grand établissement de M. Mame, nous devons encore mentionner MM. Vatar de Rennes, Barbou de Limoges, Martial Ardant de la même ville, Cornillac de Châtillon-sur-Seine, qui ont exposé un assortiment considérable de paroissiens et livres de prières en tous genres et de tous prix, qui témoigne d'un véritable progrès dans la fabrication de ces éditeurs.

Les livres d'offices ne sont pas les seules publications de cette spécialité. Les livres liturgiques destinés à MM. les ecclésiastiques et au service des églises, les *Missels*, les *Graduels*, les *Pontificaux*, les *Bréviaires*, etc., forment aussi une branche importante dont les produits figuraient avec honneur à l'Exposition.

En première ligne nous devons citer les maisons Adrien Leclère et Firmin Didot. M. Adrien Leclère, imprimeur de Mgr l'archevêque et de N. S. P. le pape, a exposé des *Missels* et des *Bréviaires*, avec et sans plain-chant, imprimés en noir avec rubrique en rouge, d'un fini parfait d'exécution pour les repères. Ces beaux livres ont été édités par la Société de liturgie romaine, dont M. Adrien Leclère est un des principaux actionnaires. MM. Firmin Didot ont exposé quelques fascicules d'un superbe *Pontifical*, grand in-folio, avec jolies illustrations et riches encadrements à chaque page, imprimés en noir avec rubriques et encadrements en rouge. C'est un des plus beaux spécimens de typographie de l'Exposition, et nous souhaitons, par amour pour l'art typographique, que cette opération soit menée à bonne fin. La même maison a imprimé, pour la même Société de liturgie, un *Missel* in-4°, en noir avec rubrique en rouge, d'une bonne exécution. MM. Mame de Tours,

Forestier de Montauban, Barbou de Limoges, Repos de Digne, ont également exposé des *Missels* imprimés en noir seulement qui méritent une mention spéciale. Les *Missels* de M. Forestier sont ornés d'illustrations qui en font, en ce genre, des ouvrages à part.

En voyant ces belles publications liturgiques, nous n'avons pu penser sans quelque douleur qu'elles n'ont pas encore atteint en pays étranger la position et la faveur dont jouissent les éditions liturgiques de la Belgique. Et notre amour-propre national n'a pas été légèrement froissé lorsqu'en visitant dernièrement de vastes magasins de librairie espagnole pour l'exportation, nous n'y avons rencontré que des livres liturgiques d'impression étrangère. Nous en fîmes la remarque au représentant de la maison, et il nous répondit que, jusqu'à ce jour, il avait eu le regret de n'avoir pu trouver à s'assortir convenablement de ces livres en France. Nous formons des vœux pour que MM. les éditeurs de livres liturgiques se mettent en mesure d'acquérir à l'imprimerie française cet important commerce d'exportation.

Au même genre se rattachent les impressions typographiques de musique et de plain-chant. Trois maisons, celles de MM. E. Duverger, Tantenstein et Cordel, A. Curmer, ont inventé des systèmes différents de clichés, généralement adoptés pour ce genre d'impression en relief; elles avaient envoyé à l'Exposition de bons spécimens de leurs produits. M. Duverger est le premier qui soit entré avec succès dans cette voie nouvelle, où l'ont suivi MM. Tantenstein et Cordel et M. A. Curmer. Dans la même spécialité, M. Adrien Leclere et MM. Firmin Didot ont imprimé, au moyen de caractères mobiles, des ouvrages de liturgie avec plain-chant d'une bonne exécution, le premier pour son compte et celui de la Société liturgique, les seconds pour leur compte et celui de la maison Lecoffre.

Une autre branche importante de la librairie à l'Exposition française mérite encore une mention particulière, c'est la spécialité des livres d'éducation et de distributions de prix, illustrés et non illustrés. Dans ce genre, la variété des reliures et des cartonnages ornés joue un aussi grand rôle que la typographie. C'est la maison Mame de Tours, qui a donné la plus grande impulsion à ce genre de publications. Cette spécialité était représentée à l'Exposition par MM. Mame de Tours, Lehuby de Paris, Morizot et Didier de la même ville, Martial Ardant et Barbou de Limoges.

MM. Mame, Lehuby et Morizot ont exposé de beaux volumes, grand in-8°, avec illustrations et gravures, imprimés par MM. Mame de Tours, Gratiot de Paris, Hyacinthe Firmin Didot du Mesnil. Les volumes in-12 publiés par ces diverses maisons sont tous également bien imprimés. Nous devons toutefois une mention plus spéciale à ceux édités par

MM. Didier et Lehuby, dont les prix, nous devons l'ajouter, sont un peu plus élevés.

Après tant de genres divers que nous venons de passer en revue, nous avons encore à vous entretenir d'une spécialité qui a pris des proportions énormes dans ces dernières années, surtout depuis l'établissement des chemins de fer; nous voulons parler de la spécialité des impressions d'administration et plus particulièrement des actions et obligations industrielles. Dans ce genre, plusieurs maisons ont acquis une position spéciale par l'excellence de leurs produits. Ce sont MM. Paul Dupont, Napoléon Chaix, Wiesener, Plon, Meyer, etc. Les dessins et ornementations des actions et obligations de chemins de fer, leurs fonds dits de hasard, inimitables et inaltérables, produits à l'aide de procédés chimiques, leurs tirages en contre-impression, leurs impressions en couleur, font de ces produits des modèles réels de typographie.

A ce genre se rattache l'impression des affiches, qui se fait maintenant sur des proportions gigantesques, et dont chacun de vous a pu voir de beaux spécimens aux portes du palais de l'Industrie, sinon à l'intérieur. C'est une spécialité qui a aussi son importance, qui a fait des progrès remarquables dans ces dernières années, et qui aurait bien eu à ce titre sa place à l'Exposition. Quelques imprimeurs de Paris se livrent plus particulièrement à ce genre d'impression. Il faut citer, en première ligne, MM. Maulde et Renou, Napoléon Chaix, Paul Dupont, Plon, Dondey-Dupré, Morris, etc. Les affiches des chemins de fer, imprimées spécialement par MM. Napoléon Chaix, Paul Dupont et Maulde et Renou, ont une proportion sans précédents. Ces affiches comptent généralement plus de deux mètres de haut et d'un mètre et demi de large. Parmi les affiches à citer, mentionnons celle de la *Bibliothèque du Voyageur*, imprimée par M. Chaix, en rouge et en noir, avec illustrations, d'une hauteur de deux mètres dix centimètres sur un mètre cinquante centimètres de large, et une affiche encadrée, annonçant un ouvrage de phrénologie, imprimée par M. Plon, d'une largeur de deux mètres vingt centimètres sur un mètre cinquante centimètres de haut.

Nous avons enfin épuisé la nomenclature des spécialités si variées de l'art typographique; il ne nous reste plus à vous entretenir que de quelques raretés, curiosités ou singularités typographiques que nous avons rencontrées à l'exposition française.

A ce titre, nous vous signalerons deux ouvrages hors ligne. D'abord un bel exemplaire unique de *la Touraine*, tiré à la presse mécanique, sur peau de vélin ou parchemin de premier choix. Pour juger de la valeur de ce volume, il suffit de vous faire dire que le parchemin vélin employé pour son tirage, a coûté seul plus de huit cents francs. Ensuite un exemplaire du *Voyage sentimental de Sterne*, publié par

M. Ernest Bourdin, et imprimé en noir sur satin blanc par M. Lacrampe. Cet exemplaire a été tiré en blanc sur des morceaux séparés, qui ont été réunis ensemble au moyen d'une feuille de papier végétal.

Une reproduction intelligente et améliorée de la charmante édition d'*Horace*, donnée en 1676 par les Elzeviers, mérite aussi de fixer notre attention. Ce précieux volume in-18, curieux modèle de reproduction, a été imprimé en noir et en rouge avec tout le fini possible par MM. Firmin Didot, qui l'ont enrichi de vignettes et de dessins à l'antique. Le texte, imprimé en caractères de six points, est encadré de notes en caractères de quatre points et demi. La mise en page de ces doubles colonnes compactes présentait des difficultés qui ont été heureusement vaincues.

MM. Plon et Meyer ont imprimé dans le format in-144, dit édition mignardise, en caractères microscopiques gravés et fondus sur corps de trois points par MM. Laurent et Deberny, le premier un *Lafontaine*, le second un *Gresset*, qui sont de petites merveilles. Ces volumes nous ont rappelé d'une manière heureuse les éditions d'*Horace* et de *La Rochefoucault*, format in-64, imprimées en 1827 en caractères de deux points et demi gravés et fondus par M. Henri Didot, et dans lesquelles se trouvaient quelques lignes de caractères d'un point et demi, visibles seulement à la loupe.

Nous citerons encore un *Recueil d'inscriptions antiques de Lyon*, imprimé en caractères augustaux ou types du seizième siècle par M. Perrin de Lyon ; les *Œuvres inédites de Ronsard*, imprimées en caractères augustaux par MM. Bonaventure et Ducessois pour M. Aubry; les *Contes de la reine de Navarre*, imprimés en caractères archaïques ou vieux types par M. Lahure; le *Liber Geneseos familiæ Schildloviæ*, imprimé en caractères gothiques par la même maison; un *Petit Dictionnaire français* de Napoléon Landais, première édition galvanoplastique imprimée par M. Gratiot sur clichés en cuivre obtenus par la galvanoplastie à l'aide de la gutta-percha par les soins de M. Michel; un *Catalogue des produits de la maison Menier*, imprimé par M. Plon et reproduisant les produits divers de cet industriel, lampes, vases, balances, etc, en couleurs, en or, en bronze, imitant le marbre, le verre et les différents métaux ; les reproductions par un procédé litho-typographique de livres, manuscrits, etc., faits par MM. Dupont de Paris et Barbat de Châlons-sur-Marne ; enfin, pour ordre, la *Législation de la propriété littéraire*, imprimée en or et en couleurs par le rapporteur de votre Commission.

Comme curiosité, et tout au moins comme production excentrique se rattachant à la typographie, nous devons mentionner le plan et le modèle en miniature de la belle imprimerie centrale des chemins de fer créée et dirigée par M. Napoléon Chaix. Rien de plus intéressant à voir que ce panorama typographique dont toutes les parties ont été exécutées avec une grande perfection. Aucun détail n'y manquait : on y voyait d'une manière distincte tout le matériel dont se compose une grande imprimerie, presses mécaniques, presses à bras, casses de caractères, marbres de corrections, machines à vapeur, etc., et tout cela animé par la représentation exacte des divers ouvriers composant le personnel de l'atelier avec leurs costumes traditionnels.

Comme on le voit, l'exposition française a été nombreuse et brillante. Et cependant quelques maisons considérables de Paris ont manqué à l'appel, plusieurs villes des départements n'ont pas été représentées. En exprimant nos regrets à cet égard, rappelons notamment que les villes de Toulouse, Bordeaux, Montpellier, Lille, etc., où l'imprimerie n'est pas sans importance, n'ont envoyé aucun de leurs produits.

Nous ne finirons pas sans dire un mot de quelques produits exposés par des coopérateurs de la typographie, qui ont contribué au progrès de notre art par leurs ingénieuses inventions.

M. Aristide Derniame, conducteur de mécanique, a présenté de curieux spécimens des progrès successifs du tirage des vignettes à la presse mécanique, dus à ses soins et à son esprit persévérant. M. Monpied a exposé un riche album typographique de reproductions de tableaux à l'aide de filets typographiques. M. Moulinet nous a donné à l'exposition de la maison Paul Dupont un portrait en pied de Guttenberg en filets, dont les typographes peuvent seuls apprécier le rare mérite d'exécution. Enfin M. Fournier, à l'exposition de la maison Mame, et M. Théotiste Lefèvre, à celle de la maison Didot, nous ont offert leurs ouvrages sur la typographie, ouvrages aussi remarquables par leurs excellents préceptes que par leur exécution soignée.

Notre tâche est terminée. Vous avez pu voir par la longueur même de notre compte rendu combien était riche l'exposition typographique de 1855, et quels enseignements utiles chacun de nous peut en tirer pour la perfection de notre bel art. Nous serons heureux pour notre compte si nous avons pu, par ce simple récit de ces merveilles, augmenter en vous cet amour sincère de votre profession qui seul peut enfanter les belles choses et produire les chefs-d'œuvre.

Paris, le 6 février 1856.

Le Rapporteur,

JULES DELALAIN.

Imprimerie de Pillet fils aîné, rue des Grands-Augustins, 5.

www.ingramcontent.com/pod-product-compliance
Lightning Source LLC
LaVergne TN
LVHW012016160826
845678LV00002B/865

* 9 7 8 2 3 2 9 6 6 9 4 4 1 *